Silke Gerlach

Landnutzungsstatistiken aus Fernerkundungsdaten

GRIN Verlag

Bibliografische Information der Deutschen Nationalbibliothek:

Die Deutsche Bibliothek verzeichnet diese Publikation in der Deutschen National-
bibliografie; detaillierte bibliografische Daten sind im Internet über http://dnb.d-
nb.de/ abrufbar.

Impressum:

Copyright © 2006 GRIN Verlag GmbH
Druck und Bindung: Books on Demand GmbH, Norderstedt Germany
ISBN: 978-3-656-44699-6

Dieses Buch bei GRIN:

http://www.grin.com/de/e-book/64645/landnutzungsstatistiken-aus-fernerkundungs-
daten

Fakultät für Geowissenschaften

Geographisches Institut

Sommersemester 2006

Seminar: Einsatz von Fernerkundungsdaten in der Land- und Forstwirtschaft

Abgabedatum: 9. Mai 2006

Landnutzungsstatistiken
aus Fernerkundungsdaten

Silke Gerlach

2. Semester, M.Sc., Geomatik

Inhaltsverzeichnis

Abbildungsverzeichnis

Tabellenverzeichnis

1　Einleitung

Laut Gesetz muss regelmäßig eine Flächenerhebung nach Art der tatsächlichen Nutzung sowie eine Flächenerhebung nach Art der geplanten Nutzung stattfinden. Im Rahmen dieser allgemeinen Agrarstrukturerhebung erfolgt alle vier Jahre zu einem festgelegten Stichtag eine Bestandsaufnahme der momentanen Verhältnisse der Bodennutzung in der Bundesrepublik Deutschland durch Auswertung des Liegenschaftskatasters.

Im Rahmen einer zusätzlichen Bodennutzungshauptkartierung wird u.a. der Anbau auf dem Ackerland (Nutzung der Bodenflächen nach Kulturarten, Pflanzengruppen und -arten sowie Kulturformen) erfasst. Für diese Nutzungskartierung wird seit einigen Jahren die Fernerkundung unterstützend eingesetzt. So soll der Anbau-Umfang einzelner Feldfrüchte erfasst werden. Mittlerweile ist es recht unproblematisch, die Hauptanbauarten Getreide, Hackfrüchte und Grünland in Luftbildern zu erkennen. Als schwieriger erweist sich eine weitergehende Differenzierung z.B. in Weizen, Roggen und Gerste (nach ALBERTZ 2001, S. 199).

Fernerkundungsdaten werden sowohl für die Inventur als auch zur Kontrolle landwirtschaftlicher Flächennutzung und zur Erhebung der aktuellen Anbauflächen der Feldfrüchte verwendet.

2　Grundlagen der Klassifizierung

Grundlage für die Klassifikation bilden die unterschiedlichen Reflexionseigenschaften der verschiedenen Objekte. Elektromagnetische Strahlung, die auf einen Körper trifft, wird zu einem Teil an seiner Oberfläche reflektiert, ein weiterer Teil wird von ihm absorbiert und der Rest durchdringt den Körper. Die Unterschiede im Reflexionsverhalten sind auf physikalische und chemische Eigenschaften der Objekte und insbesondere deren Oberflächenbeschaffenheit zurückzuführen. Je glatter und glänzender zum Beispiel eine Blattoberfläche ist, desto stärker ist in der Regel die Reflexion. Weitere Einflusskriterien sind: Feuchtigkeitsgehalt, Nährstoffhaushalt, u.v.m. (nach ALBERTZ 2001).

So weisen bestimmte Pflanzenarten eine jeweils charakteristische spektrale Reflexion auf. Ziel der Fernerkundung soll es sein, mittels Clusterbildungen eine Klassifikation zu erreichen, die die unterschiedlichen Landnutzungen kategorisiert.

Es gibt zwei unterschiedliche Arten der Klassifikation:

1) **Unüberwachte Klassifikation** (*unsupervised classification*):

Mit Hilfe statistischer Verfahren wird jedes Pixel einer Teilklasse zugeordnet. Die Identität der Klassen muss der Anwender später selber herausfinden. Diese Methode eignet sich besonders bei zunächst unbekannten Untersuchungsgebieten.

2) **Überwachte Klassifikation** (*supervised classification*):

Hier wird von bekannten Erscheinungen ausgegangen. Für jede selbst festgelegte Objektklasse werden Trainingsgebiete bestimmt. Diese bilden die Musterklassen für die entsprechenden Kategorien. Alle Pixel der Satellitenszene außerhalb dieser Trainingsgebiete werden aufgrund der spektralen Signatur den entsprechenden Pixelwerten und den damit verbundenen Klassen zugeordnet. Oftmals wird unterstützend die unüberwachte Klassifizierung angewendet um im Voraus zu untersuchen, wieviele und welche Klassen überhaupt unterschieden werden können.

Weitere Merkmale, die bei der Klassifikation mit berücksichtigt werden können, auf die hier aber nicht weiter eingegangen wird, sind: Textur, Musterung, Größe, Form, Orientierung, Zeit und Merkmale wie Winkel, Enden und Kanten (nach LEXIKON DER KARTOGRAPHIE UND GEOMATIK).

Als günstig vor allem bei der Klassifizierung von Landnutzungs- und Vegetationstypen hat sich die **Multispektral-Klassifizierung** erwiesen. Sie beruht auf der Tatsache, dass mit unterschiedlichen Spektralkanälen die selbe Szene in verschiedenen Wellenlängenbereichen aufgenommen wird. Somit erhält jedes Pixel nicht nur einen, sondern mehrere Grauwerte. Die unterschiedlichen Kanäle lassen sich später am Bearbeitungsprogramm beliebig kombinieren. Dabei haben sich bestimmte Kanalzusammenstellungen bewährt: Da im blauen sichtbaren Bereich Dunststörungen durch Streulicht vorhanden sind, wird auf die Darstellung dieses Wellenlängenbereichs (0,45-0,52 µm) oftmals verzichtet. Stattdessen bietet sich der Bereich des nahen Infrarots an, in dem grüne Pflanzen am besten unterschieden werden können. Abbildung 1 zeigt den steilen Anstieg der Reflexion von Vegetation im Bereich des nahen Infrarots sowie den anhaltenden hohen Reflexionsgrad im kurzwelligen Infrarot. Beliebte Farbkombinationen bei Landsat-Szenen sind die Kanaleinstellungen 4-5-3 oder 4-3-2 (die Abbildung A1-A3 im Anhang zeigen die üblichen Kanaleinstellungen von Landsat-Szenen).

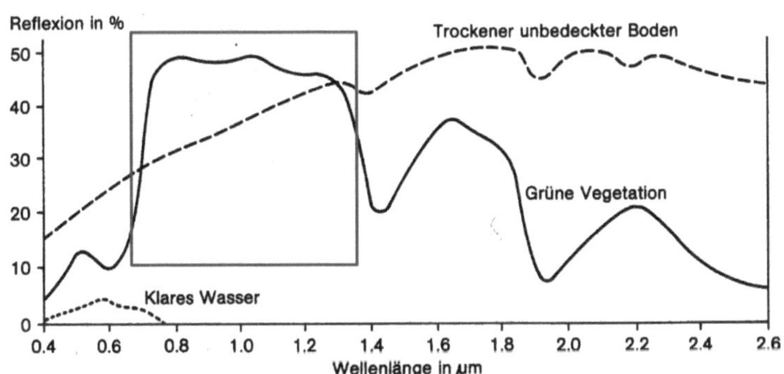

Abbildung 1: Reflexion von Vegetation, Boden und Wasser im sichtbaren und nahen Infrarotbereich (LÖFFLER 1985, S. 173)

Die spektrale Reflexion eines Vegetationstyps ist weder konstant in der Zeit noch homogen auf der gesamten Fläche. Aufgrund der Phänologie und der damit verbundenen unterschiedlichen Wachstumsentwicklung der Pflanzen, bietet es sich an, eine **multitemporale Klassifikation** durchzuführen. Dies bedeutet eine Auswertung von Bilddaten einer Szene, die zu unterschiedlichen Zeitpunkten aufgenommen wurden. So ist diese Methode gut geeignet, zeitlich veränderte Erscheinungen wie Vegetation und Feldfrüchte von wenig veränderlichen wie Siedlungsflächen und Verkehrswegen abzugrenzen; die Trennbarkeit von Pflanzen unterschiedlicher phänologischer Entwicklung wird deutlich verbessert (LÖFFLER, HENOCKER, STABEL 2005, S. 214). Als günstig haben sich dabei die Zeiträume Ende April/Anfang Mai und Ende Juni/Anfang Juli erwiesen.

Um eine gute Differenzierung der jeweiligen Objektklassen zu erhalten, bedarf es einer **hohen geometrischen Auflösung**. Bei der Multispektral-Klassifizierung haben die Szenen üblicherweise eine Auflösung von 30 x 30 m (bei Landsat ETM+). Durch eine Verschneidung dieser Multispektraldaten mit geometrisch hochauflösenden panchromatischen Daten erhält man eine Auflösung von 15 x 15 m. Dazu ist es jedoch notwendig, beide Szenen vorher exakt zu georeferenzieren. Durch die hohe Detailerkennbarkeit ist eine parzellenscharfe Landnutzungsbestimmung möglich (nach JÜRGENS 2001, S. 6).

Auch die **radiometrische Auflösung** spielt eine wichtige Rolle. Je höher die radiometrische Auflösung, desto differenzierter lassen sich die Klassen voneinander unterscheiden. Mittlerweile sind 8 Bit üblich; dies bedeutet, dass der Sensor die Oberflächenreflexionen in 255 unterschiedlichen Graustufen darstellt.

3 Arbeitsschritte der überwachten Klassifikation

3.1 Erstellung eines Klassifikationsschlüssels

Zunächst muss ein Klassifikationsschlüssel erarbeitet werden, nach dem die verschiedenen Nutzungen unterschieden werden sollen. Dieser sollte sich jeweils nach dem speziellen Verwendungszweck, der Ausdehnung, den Eigenarten und dem Entwicklungsstand des Inventurgebietes richten. Ein einheitlicher „Generalschlüssel" wurde bisher nicht entwickelt. Es besteht die Möglichkeit, sich an gegebenen Systematiken zu orientieren, wie z.B. die der Biotoptypenkartierung[1]. Allerdings entsteht hierbei das Problem, dass diese Klassen teilweise nicht mit den spektralen differenzierbaren Klassen übereinstimmen.

Unterschiedliche Beispiele eines Klassifizierungsschlüssels zeigen Tabelle 1 sowie Tabelle A1 im Anhang. Während es bei CORINE Landcover fünf Hauptkategorien gibt, die jeweils untergliedert wurden, liegt der Schwerpunkt bei Jürgens in der Unterscheidung von Ackerflächen. Die Beispiele machen deutlich, dass sich der Klassifizierungsschlüssel daher immer nach dem Verwendungszweck und Ziel der Klassifikation richten muss.

Tabelle 1: Landnutzungsklassen der Klassifikation und deren inhaltliche Definition
(nach JÜRGENS 2001, S.7)

Landnutzungsklasse	Beschreibung
Waldfläche	Laub- und Nadelwald
Grünland & Ackerfutter	Weiden, Wiese, Futterpflanzen (Klee, Luzerne, etc.)
Getreide und Raps	Sommer- und Wintergetreide, Raps
Mais	Silo- und Körnermais
Kartoffeln	Kartoffeln
Wasserfläche	Wasserflächen (stehende und fließende Gewässer)
Siedlungs- und Verkehrsfläche	Straßen, Häuser, Parkplätze, sonstige bebaute bzw. versiegelte Oberflächen
Brachfläche	Brachland, Stilllegungsbrachen, Blößenflächen im Wald etc.
Nicht klassifiziert	Nicht eindeutig zuweisbar (z.B. Mischpixel)

---

1 „Ein Biotop umfasst nach Artenzusammensetzung, Standort und Raumstruktur verwandte Biotope. Jede Fläche wird nach einem landesweiten, ggf. auch regional differenzierten Klassifizierungsschema einem Typus zugeordnet. Da diese Typenkartierung der Beschaffenheit flächenhafter Überblicke dient, erfolgt keine weitere Analyse und Beschreibung der einzelnen Kartierungseinheiten." (HILDEBRANDT 1996, S. 384)

3.2 Lokalisieren von Trainingsgebieten

Es ist wichtig darauf zu achten, dass die Trainingsgebiete repräsentativ für die jeweilige Objektklasse sind, d.h. sie sollten für die zugehörige Objektklasse typisch sein. Dazu müssen sie ausreichend groß und möglichst homogen in ihrer spektralen Zusammensetzung sein. „Trainingsgebiete können dann als repräsentativ bezeichnet werden, wenn alle spektralen Eigenschaften einer Klasse vollständig und statistisch abgeschert erfasst werden. Deswegen sollte nicht ein einziges zusammenhängendes Trainingsgebiet für eine Klasse, sondern mehrere Teiltrainingsgebiete über das Auswertungsgebiet verteilt, festgelegt werden, um natur- und aufnahmebedingte, räumlich differenzierte spektrale Abweichungen zu berücksichtigen" (BURGER 2001, S.119).

Eine wichtige Voraussetzung ist die regionale Kenntnis über die Untersuchungsgebiete. Nur mit diesem Wissen über das zu bearbeitende Gebiet lassen sich die Gebiete richtig klassifizieren. Ist die regionale Gebietskenntnis nicht vorhanden, so helfen evtl. schon vorhandene Biotoptypenkartierungen, die sich über die zu bearbeitende Szene legen lassen und so die Möglichkeit bieten, unbekannte Objekte richtig zu klassifizieren.

Streng genommen handelt es sich hier zunächst um eine Segmentierung; erst bei der Zuweisung der Nutzungen auf die jeweiligen Teilflächen spricht man von der eigentlichen Klassifizierung.

Nachdem die Trainingsgebiete ausgewählt wurden, muss ihre spektrale Trennbarkeit untersucht werden.

3.3 Signaturanalyse

Um eine gute Trennbarkeit festzustellen, bietet sich eine graphische Darstellung des spektralen Reflexionsgrads an. Bei der Betrachtung der Signaturkurven ist darauf zu achten, dass die unterschiedlichen Klassen einen ausreichenden Abstand zueinander haben. Je detaillierter der Klassifikationsschlüssel ist, desto schwieriger wird die Objektunterscheidung. So kommt es des öfteren zu Überschneidungen der spektralen Signaturen (sog. Mischpixel). Diese entstehen überwiegend an der Grenze zweier verschiedenen Objektklassen.

Generell gilt: Je besser die spektrale Trennbarkeit der Musterklassen ist, d.h. je homogener die Flächen, desto genauer kann die Klassifikation erwartet werden.

Abbildung 2 zeigt ausgewählte Trainingsgebiete. Zum einen ist zu bemerken, dass die Gewässerfläche aufgrund der fast fehlenden Reflexion im nahen Infrarotbereich klar von allen anderen Klassen zu unterscheiden ist; zum anderen wird auch ersichtlich, dass es sowohl spektrale Unterschiede innerhalb der jeweiligen Klassen gibt (vgl. großer Verlaufsunterschied bei Grünland) als auch Ähnlichkeiten zwischen verschiedenen Klassen gibt (Beispiel Moor/Sumpf und Siedlung).

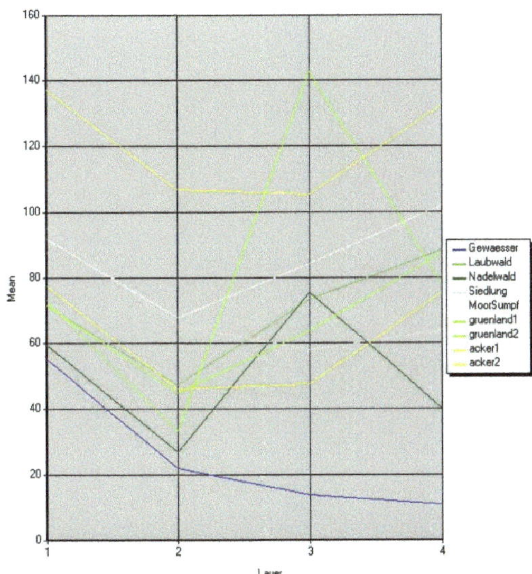

**Abbildung 2: Reflexion verschiendener Trainingsgebiete;
Kanal 1 = sichtbares Grün, Kanal 2 =sichtbares Rot,
Kanal 3 = nahes Infrarot, Kanal 4 = kurzwelliges Infrarot**

3.4 Maximum-Likelihood-Verfahren

Nachdem alle Trainingsgebiete festgelegt und deren spektrale Signaturen analysiert und ggf. verbessert wurden, erfolgt anschließend der eigentliche Klassifizierungsprozess. Es gibt unterschiedliche Verfahren; für die Klassifikation von Landwirtschaftsflächen hat sich das Maximum-Likelihood-Verfahren bewährt, mit dem oftmals die besten Ergebnisse erzielt werden.

Es handelt sich dabei um eine Klassifizierungsmethode der größten Wahrscheinlichkeit. Der Rechner sucht mit Hilfe dieses Algorithmus alle Bildelemente, die gleiche oder ähnliche Grauwertkombinationen aufweisen, wie die zuvor definierten Trainingsgebiete und weist ihnen die gleiche Klasse zu.

Abbildung 3 zeigt eine Untersuchungsszene im Bereich der Uckermark. Nachdem alle Klassifizierungsschritte gemacht wurden, wurde die Maximum-Likelihood-Methode angewandt (Ergebnis in Abbildung 4).

Abbildung 3: Satellitenszene IRS P6 LISS III, 23,5 x 23,5 m, Kanaleinstellung: 342; Untersuchungsgebiet: Uckermark

Abbildung 4: Klassifizierungsergebnis mit Maximum-Likelihood-Verfahren

Legende

Gewässer	Siedlung/Verkehrsnetze		
Laubwald	Ackerböden		
Nadelwald	Grünland	Moore / Sümpfe	

3.5 Überprüfung und Bewertung der Ergebnisse

Um die Genauigkeit der Ergebnisse zu überprüfen, sind unterschiedliche Schritte möglich:

1) Ein Vergleich mit amtlichen Statistiken zeigt, inwieweit die summierten Flächen der einzelnen Landnutzungsklassen der tatsächlichen Nutzung entspricht. Allerdings kommt es hierbei zu Schwierigkeiten bei der Abgrenzung der Untersuchungsgebiete, da die zu untersuchenden Flächen beispielsweise über administrative Grenzen hinausgehen, die vorhandenen Statistiken jedoch oftmals nur innerhalb der jeweiligen Länder vorliegen. Zudem ist dies nur möglich bei Flächen, für die es schon Statistiken gibt, nicht jedoch bei neuen Untersuchungsgebieten.

2) Mit Hilfe der bekannten Flächen des Untersuchungsgebietes lässt sich eine Konfusionsmatrix (=Fehlermatrix) erstellen. Nach dem Zufallsprinzip werden einzelne Punkte im Klassifikationsbild festgelegt und mittels Referenzdaten überprüft,

inwieweit diese klassifizierten Pixel mit der realen Nutzung übereinstimmen. Es findet also eine Überprüfung der lagerichtigen Klassifizierungsergebnisse statt. Je nach Anzahl der Klassen sollten pro Klasse mindestens 50 Pixel dafür gesetzt werden (nach LÖFFLER, HENOCKER, STABEL 2005, S. 205f).

In der Matrix sind die Klassen sowohl in Zeilen- als auch in Spaltenrichtung aufgetragen. Die Diagonale beschreibt dabei die Anzahl der richtig klassifizierten Pixel, aus den Zeilen ist erkenntlich, wohin und zu welchem Anteil Bildelemente einer Klasse zugeordnet wurden.

Eine Konfusionsmatrix kann folgendermaßen aussehen:

Tabelle 2: Vereinfachtes Schema einer Konfusionsmatrix (Angaben in Prozent)

Klasse	Klassifizierungsergebnis in %			
	A	B	C	Summe
A	100,0	0,0	0,0	100,0
B	12,5	75,0	12,5	100,0
C	5,0	5,0	90,0	100,0

Tabelle 3: Beispiel einer Konfusionsmatrix nach einer Maximum-Likelihood-Klassifikation
(nach NETTE 2002, S. 6-87)

Klasse	1	2	3	4	5	6	7	8	9	10	Prozent
1 Laubwald	437		18				8				94,38
2 Nadelwald	16	1319					2				98,65
3 Mischwald	18		579	3							96,50
4 Grünland	1		15	1159				1	7		97,72
5 Hülsenfrüchte					517	6	5	10		6	95,04
6 So-Getreide 1					6	1163	4	7	6		98,06
7 So.Getreide 2				1	5		271	2			97,13
8 Wi-Getreide 1				1			3	423	2		98,60
9 Wi-Getreide 2				4			1	6	539		98,00
10 Mais/Hopfen					1					401	99,75
											99,38

3) Zur Überprüfung der geometrischen Lagegenauigkeit lässt sich das Klassifizierungsbild z.B. über eine topographische Karte legen. Dann wird vor allem bei Dauersignaturen ersichtlich, wie genau die Klassifikation gelungen ist.

4   Schwierigkeiten

Zunächst ist die Qualität der Ausgangsdaten zu prüfen. Es muss darauf geachtet werden, dass weder Wolken noch Dunststörungen in der Satellitenszene vorhanden sind.

Bei der überwachten Klassifikation besteht das Risiko, dass der Anwender Trainingsgebiete „vergisst". So muss kontrolliert werden, dass für jede Nutzung, die zuvor im Klassifizierungsschlüssel definiert wurde, Trainingsgebiete gesetzt wurden.

Das wohl größte Problem stellen inhomogene Flächen dar. Vor allem bei der Festlegung der Trainingsgebiete kommt es dann zu Schwierigkeiten. Denn dabei werden klassenfremde Pixel innerhalb dieser Flächen falsch klassifiziert. Hier besteht dann oftmals die Gefahr von Signaturüberschneidungen zwischen spektral ähnlich reflektierenden Objektklassen. So ist darauf zu achten, dass keine „klassenfremden" Pixel in den Trainingsgebieten liegen. Auch Mischpixel, die an der Grenze zwischen zwei unterschiedlichen Klassen entstehen, sollten nicht zu den Trainingsgebieten genommen werden.

5 Literaturverzeichnis

ALBERTZ, **Jörg (2001):** Einführung in die Fernerkundung. Grundlagen der Interpretation von Luft- und Satellitenbildern, 2. überarbeitete und ergänzte Auflage, Darmstadt.

BOLLMANN, **Jürgen (2002):** Lexikon der Kartographie und Fernerkundung, Berlin.

BURGER, **Reinhold (2001):** Einbeziehung von Geoinformation und Geowissen in die Klassifikation von Satellitenbildern mit Hilfe eines evidenztheoretischen Ansatzes, In: Günther, Oliver; Riekert, Wolf-Fritz (Hrsg.): Wissensbasierte Methoden zur Fernerkundung der Umwelt, Karlsruhe, S. 111-145.

HILDEBRANDT, **Gerd (1996):** Fernerkundung und Luftbildmessung für Forstwirtschaft, Vegetationskartierung und Landschaftsökologie, Heidelberg.

NETTE, **Thomas (2002):** Geo-Informationssysteme als Instrument des Ressourcenmanagements für Belange des Boden- und Gewässerschutzes, Dissertation, Trier.

JÜRGENS, **Carsten (2000):** Change Detection – Erfahrungen bei der vergleichenden multitemporalen Satellitenbildauswertung in Mitteleuropa, In: Photogrammetrie, Fernerkundung, Geoinformation, Jahrgang 2000, Heft 1, Stuttgart, S. 5-20.

KEIL, **Manfred;** KIEFL, **Ralph;** STRUNZ, **Günter (2005):** CORINE Land Cover 2000 – Europaweit harmonisierte Aktualisierung der Landnutzungsdaten für Deutschland. Abschlussbericht zum F+E Vorhaben UBA FKZ 201 12 209, Wessling.

LEHMANN, **Steffi (2000):** Möglichkeiten der Bildinterpretationen von LISS und PAN-Daten des Satelliten IRS-1D zur Detektion von Vegetationsstrukturen in einem Untersuchungsgebiet in der Westukraine, Diplomarbeit, Berlin.

LÖFFLER, **Ernst (1985):** Geographie und Fernerkundung. Eine Einführung in die geographische Interpretation von Luftbildern und modernen Fernerkundungsdaten, Stuttgart.

LÖFFLER, **Ernst;** HONECKER, **Ulrich;** STABEL, **Edith (2005):** Eine Einführung in die geographische Interpretation von Luftbildern und modernen Fernerkundungsdaten, 3. neu bearbeitete und erweiterte Auflage, Stuttgart.

Statistisches Bundesamt Deutschland
http://www.destatis.de/basis/d/forst/forsttxt.php (Stand: 22.04.2006)

Anhang

Tabelle A1: Nomenklatur der Bodenbedeckungen für Europa (CORINE Land Cover 2005, S.17)

CORINE Land Cover Nomenklatur der Bodenbedeckungen		
Ebene 1	**Ebene 2**	**Ebene 3**
1 Bebaute Flächen	11 Städtisch geprägte Flächen	111 Durchgängig städtische Prägung
		112 Nicht durchgängig städtische Prägung
	12 Industrie-, Gewerbe- und Verkehrsflächen	121 Industrie- und Gewerbeflächen, öffentliche Einrichtungen
		122 Straßen-, Eisenbahnnetze und funktionell zugeordnete Flächen
		123 Hafengebiete
		124 Flughäfen
	13 Abbauflächen, Deponien und Baustellen	131 Abbauflächen
		132 Deponien und Abraumhalden
		133 Baustellen
	14 Künstlich angelegte, nicht landwirtschaftlich genutzte Grünflächen	141 Städtische Grünflächen
		142 Sport- und Freizeitanlagen
2 Landwirtschaftliche Flächen	21 Ackerflächen	211 Nicht bewässertes Ackerland
		212 Regelmäßig bewässertes Ackerland
		213 Reisfelder
	22 Dauerkulturen	221 Weinbauflächen
		222 Obst- und Beerenobstbestände
		223 Olivenhaine
	23 Grünland	231 Wiesen und Weide
	24 Landwirtschaftliche Flächen heterogener Struktur	*241 Einjährige Kulturen in Verbindung mit Dauerkulturen*
		242 Komplexe Parzellenstrukturen
		243 Landwirtschaftlich genutzes Land mit Flächen natürlicher Bodenbedeckung von signifikanter Größe
		244 Land- und forstwirtschaftliche Flächen
3 Wälder und naturnahe Flächen	31 Wälder	311 Laubwälder
		312 Nadelwälder
		313 Mischwälder
	32 Strauch- und Krautvegetation	321 Natürliches Grünland
		322 Heiden und Moorheiden
		323 Hartlaubbewuchs
		324 Wald-Strauch-Übergangsstadien
	33 Offene Flächen mit/ohne geringer Vegetation	331 Strände, Dünen und Sandflächen
		332 Felsflächen ohne Vegetation
		333 Flächen mit spärlicher Vegetation
		334 Brandflächen
		335 Gletscher und Dauerschneegebiet
4 Feuchtflächen	41 Feuchtflächen im Landesinneren	411 Sümpfe
		412 Torfmoore
	42 Feuchtflächen an der Küste	421 Salzwiesen
		422 Salinen
		423 In der Gezeitenzone liegende Flächen
5 Wasserflächen	51 Wasserflächen im Landesinneren	511 Gewässerläufe
		512 Wasserflächen
	52 Meeresgewässer	521 Lagunen
		522 Mündungsgebiete
		523 Meere und Ozean

Vergleich einer Satellitenszene (Landsat 7; ETM+, 30 x 30 m; östliches Ruhrgebiet) mit unterschiedlichen Kanalkombinationen

Abbildung A1: Kanaleinstellung 3-2-1 (Naturfarbdarstellung)

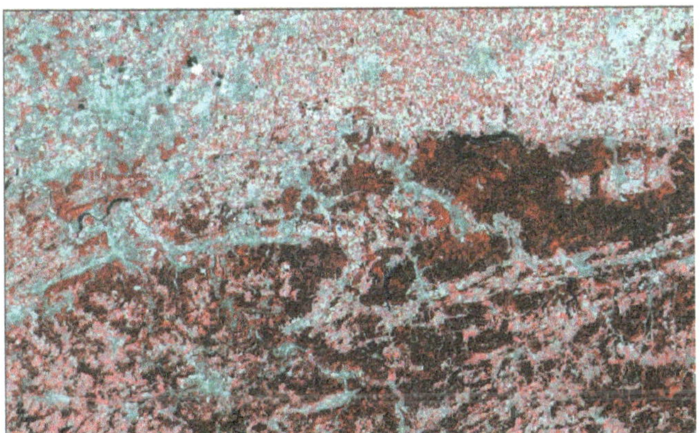

Abbildung A2: Kanaleinstellungen 4-3-2 (Color-Infrarot-Darstellung)

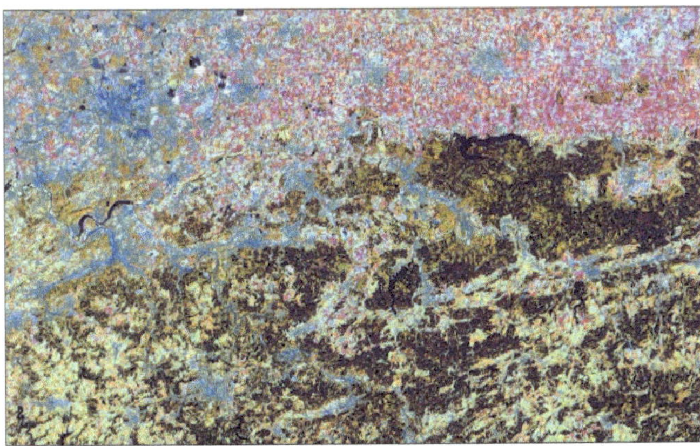

Abbildung A3: Kanaleinstellungen 4-5-3 (Falschfarbdarstellung)